DVD
狗狗行為矯正書

10 分鐘項圈訓練法

遠藤愛犬訓練學校負責人
遠藤和博

三悅文化

前言

這本書將為大家介紹如何既簡單又迅速的解決您家愛犬的不良行為問題。

市面上有各式各樣的「管教愛犬相關書籍」。

絕大多數都是採用給予讚美、獎勵的管教方式。

給予讚美和獎勵並非錯誤的管教方式，但我認為對初次教育愛犬的飼主來說，要確實做到並非容易之事。

事實上，多數委託我訓練家裡愛犬的飼主，來找我之前都已經閱讀過不少這類書籍，也實踐過這些方式。

然而就是因為獎勵的方式矯正不了愛犬的問題行為，最後才會找上我。

因此，將這本書帶回家的您，是不是也有著同樣的問題呢？

截至目前為止，我已經有訓練５０００多隻大、小狗的豐富經驗。

自從２００６年、２００７年連續２年榮獲「電視冠軍無敵訓犬王」衛冕寶座後，含名人在內，有不少飼主委託我代為調教他們家裡的愛犬。

除此之外，我同時也是千葉羅德海洋（Chiba Lotte Marines）球隊隊犬「艾爾芙ELF」的訓練師，並且代為協助訓練電視節目『和風總本家』中的「豆助」。

基於長年來的訓練經驗，誠心向各位飼主推薦這本書中所介紹的既簡單又極具效果的「智慧項圈訓練術」。

這是任何人都可以在10分鐘內輕易矯正寵物問題行為的速成管教方法。

智慧項圈訓練術中的智慧項圈，指的就是一般套在愛犬頸部的頸圈。

讀者之中想必有人看著看著，心中會逐漸出現「好嚴厲」、「狗狗好可憐」等批判聲浪吧。對於習慣以讚美、獎勵的方式來管教寵物的飼主來說，可能更加會有這樣的感受吧。相信肯定有人一開始就認為「管教（訓練）」對愛犬來說是件很殘忍的事，所以根本無法加以實踐。

但是，有這種想法的人，請您先換個角度思考一下。

如果您因為這種想法而無法好好管教您的愛犬，那麼，

「因為沒有矯正暴衝的壞習慣，導致愛犬衝到馬路上被車撞……」

「因為沒有矯正隨地撿食的壞習慣，導致愛犬吞入異物死亡……」

您會不會覺得自己也要負起一部分的責任？

會不會在事後因「為什麼那時候不立即矯正牠的壞習慣？」而感到懊惱不已？

還是發生愛犬咬傷人或其他狗狗等憾事時，只是輕描淡寫的說「因為牠會很可憐，所以沒有特別管教」。

所謂管教，

「保護愛犬的責任。」

「飼養狗等動物飼主都該有的社會責任。」

既然身為飼主，就應該負起這兩大責任。不進行管教，就等同於棄責任於不顧。

如果靠獎勵與讚美就能矯正愛犬的問題行為，那當然是最好的，那麼，您也沒有必要購買這本書。

但如果現實情況並非如此，就請您好好思考自己該負起的責任，並且加以實踐這本書中介紹給您的各種管教方式。

本書將配合DVD影片，以大家清楚易懂的方式，說明解決愛犬問題行為的「智慧項圈訓練術」。

對於「想即刻開始處理愛犬的問題行為！」的讀者，您現在直接翻閱至PART 4的「問題行為別的智慧項圈訓練術」，開始著手訓練愛犬也沒關係。相信只要訓練個10分鐘，您一定可以深刻感受到您家愛犬的改變。

但是，就如稍後我將為大家說明的，要斬草除根澈底解決愛犬的問題行為，飼主必須改變既定的舊有觀念，必須與愛犬建立主從關係。而本書也將針對這一點，為大家介紹培養必要的飼主觀念與主從關係的基礎訓練方法，這部分也請各位讀者務必加以實踐。

愛犬的管教，永遠「不嫌晚」。
當您盡到一個當飼主的責任，與愛犬的生活更加幸福圓滿時，身為筆者的我也會感覺與有榮焉，無比的幸福。

2014年8月

遠藤愛犬訓練學校負責人　遠藤和博

PART 1 開始訓練前的11個約定

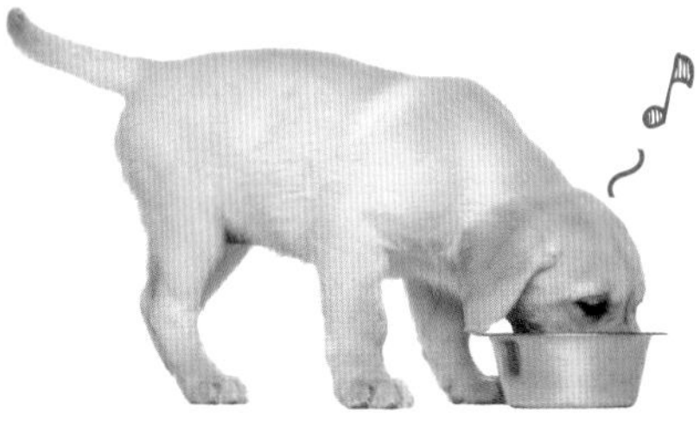

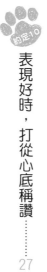

PART2 何謂智慧項圈訓練術？

PART3
培養主從關係的基礎訓練

PART4 問題行為別 智慧項圈訓練術

附錄
讓愛犬遠離疾病的6大保健

DVD使用方式與注意事項

本書將透過DVD影片詳細說明有關以下各單元內容，

以及訓練術的各個步驟與重點。

PART 3 培養主從關係 基礎訓練

PART 4 問題行為別 智慧項圈訓練術

column3 隨地如廁

DVD使用方法

主選單

整片DVD從前言開始播放。

從筆者的話開始播放。

點選後，畫面會出現細分的各個訓練項目。請自行選擇需要的訓練項目影片。

請配合書中DVD符號上的號碼選擇影片。

DVD注意事項

- 將DVD片放入DVD播放器後，會自動開始播放。主選單會出現在注意事項的畫面之後，請以遙控器自行選擇需要的影片觀看。
- 使用有DVD播放功能的電腦也可以觀看這片DVD，但無法保證一定能收看，這一點還請讀者見諒。
- 本DVD收錄的影像受到著作權的保護。基於智慧財產權的規範，未經著作權人同意，不得擅自複製、重製、轉售、於網路上散布、上映、出租（不問有償或無償）。

使用本書的注意事項

智慧項圈訓練術絕對禁止使用在出生後未滿4個月的幼犬身上。另外，若使用在氣管有問題，或者罹患氣管塌陷的狗狗身上，恐會致使症狀或病情惡化。**因此，針對有這類疾病的愛犬，請絕對不要進行智慧項圈訓練術。依犬種的不同，有些狗狗使用一般的頸圈就可以進行訓練，在開始訓練之前，請務必先參閱P33的詳細說明加以確認。**

PART 1

開始訓練前的11個約定

我常將「只要飼主有所改變，愛犬就會跟著改變」這句話掛在嘴上。假設飼主能夠培養正確的觀念與行為，當下就可以立即解決不少愛犬的問題行為。相反的，如果沒有正確的觀念與行為，縱使是再有效的管教與訓練，依舊無法根本性的解決愛犬的不當行為。

因此，在進入正式訓練之前，請務必遵守以下的幾項約定。

這是改善愛犬行為問題的第一步。

約定1

以「訓練師」的身分進行管教

包括我在內的許多訓練師，我們共通的煩惱就是狗狗在訓練師身邊可以澈底解決的問題，一回到飼主家就又故態復萌。

原因就在於狗狗對飼主的管教比較無感。無論訓練師再怎麼教育，若狗狗不認定飼主是訓練師的話，牠會認為「這個人說的話，不服從也無所謂！」所以才會一回到家裡就故態復萌。

因此，第一重點就是**飼主要有強烈的「自己就是訓練師」的自我意識**。要下定決心以訓練師的面孔對待家裡的愛犬，偶爾要嚴厲的加以管教。

狗是非常聰明的動物，可以確實理解我們人類的心思。平時關愛以待，但做錯事時，飼主要拿出魄力嚴格訓斥。如此一來，即便做錯事時遭到嚴厲訓斥，狗狗也會瞭解那是飼主出於關愛的教育。不要認為管教是件「很殘忍」的事，要先有這樣的認知，再開始進行訓練。

約定2

成為愛犬的領導者

狗這種動物，只要溫柔以待，就會變得十分溫馴好接近。那是因為狗沒有將飼主當作領導者看待。舉例來說，在沒有下達任何指令的狀況下，對於會要求「帶牠去散步」或「陪牠一起玩」的狗，只要一答應牠的要求，牠就會變得十分容易親近，但這不代表牠將您視為領導者。如果飼主和愛犬建立好主從關係的話，即使沒有下達任何口令，狗狗也會靜待飼主的指示，不會任意要求。且針對飼主的任何口令，牠都會順從的加以遵守。**愛犬之所以有行為上的問題，就是因為和飼主之間沒有建立這種主從關係。**

即使沒有這層主從關係，只要活用本書介紹的智慧項圈訓練術，同樣可以在短時間內解決愛犬的問題行為，然而只靠智慧項圈訓練術的話，並無法一次性的澈底解決愛犬的不良行為。如果能夠再確實遵循這些約定，並且做到PART 3中介紹的「培養主從關係的基礎訓練」，當您與愛犬建立了良好的主從關係，自然而然就可以澈底解決愛犬的種種不當行為。

我是老大！

主從關係是管教的基本原則！

約定3

絕對不可以輕易答應愛犬的要求

建立主從關係的第一步，就是絕對不能輕易答應愛犬的任何要求。在我認識的飼主當中，有不少人相當寵愛自己的毛小孩。舉例來說，來找我諮詢愛犬有狂叫不已問題的飼主中，絕大多數的人面對愛犬時都是有求必應。

「因為太可愛了，不知不覺就答應牠的要求。」正因為飼主的這種態度，毛小孩便將飼主當僕人看待。**僕人進行管教，當然矯正不了狗狗的行為問題**。當然了，飼料和給水等基本照料絕對不能少，但其餘的需求，絕對不能讓由牠予取予求，必須由飼主作為主體，主動給予才行。

每當狗狗要求飼料，或者要求散步時，若飼主立刻答應的話，只會讓狗狗認為「有求必應的自己很偉大」。

所以，絕對不能輕易答應狗狗的任何要求，一切都由飼主來主導，這樣主從關係才會成立。

約定4

遊戲時也不忘管教

在建立主從關係的過程中，飼主在訓練時間以外的行為也很重要。

特別是和愛犬一起玩耍時要格外注意。因為有時一不注意，就會降低愛犬的服從性。

舉例來說，當您和愛犬打鬧時，如果因為被咬或拉扯而心生退縮，狗狗出於本能，會認為自己比退縮的那個人還強大。這時好不容易建立起來的主從關係可能會因此前功盡棄。

除此之外，**即使是玩樂中，也務必讓狗狗遵守口令，狗狗若不遵守，還是必須嚴厲訓斥。**

即使只是玩遊戲，一旦讓狗狗位居主導地位，狗狗就會自認為自己很了不起。所以，必須由飼主來主導，而且「遊戲」中也不忘管教。

和狗狗玩遊戲的時候，也一定要將管教的觀念牢記在心上。

約定5

勿讓愛犬爬上沙發或睡床上

您家的狗狗平時都待在什麼地方呢？沙發？床？都和人類坐在相同的地方嗎？狗的所在位置，就代表著牠在家裡的地位。

以狗的習性來說，老大的地位高於自己，如果讓狗也同樣坐在沙發上的話，恐會讓牠們誤認為自己的地位等同於飼主，甚至高於飼主。

若確實建立了主從關係，狗狗依照飼主的命令上、下沙發，那就另當別論，但如果沒有確定的主從關係，還是打消讓狗狗坐在沙發上的念頭會比較妥當。

另一方面，從主從關係的觀點來看，我們不建議讓寵物可以自由坐在人類平時坐的位置上。

約定6 管教時，口令一次到位

接下來的訓練中，將會透過「口令」給予狗狗指示與命令。所謂「口令」，就好比「坐下」、「等待」等要狗狗加以實踐的命令。但多數飼主都無法將口令掌控得恰到好處。以「等待」為例，您是不是時常「等等！等等！等一下喔～」以這樣的方式下達好幾次口令？如此一來，狗狗會將「等等！等等！等一下喔～」一整句當作一個口令，而當您只說「等待」時，牠反而會充耳不聞。除此之外，如果「等待！」「停！」「等一下喔！」等意思相同的口令混著一起使用的話，也會造成狗狗的混亂，反而讓狗狗記不住真正的口令。

進行訓練的時候，重點就在於「口令統一說一次就好」，以及確實訂立好規則。與其說「等一下」，不如說「等待」比較好；與其說「坐下來」，不如說「坐下」比較簡潔有力；而對於不該做的事，則明確下達「不可以」的口令。

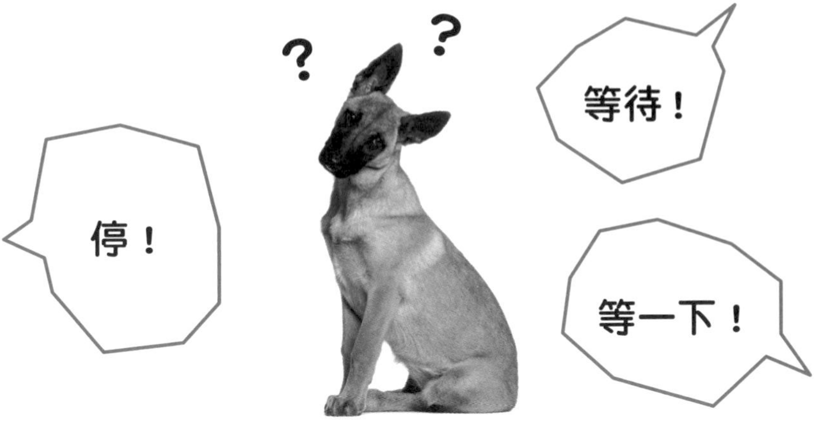

約定7

全家使用同樣一套管教規則

若全家一起照顧狗狗的話，所有家人使用共同的口令也是訓練時非常重要的一個關鍵。進行訓練前，**全家共同決定一套口令，並且統一使用這套口令教育家裡的愛犬**。

另外，對於與愛犬的相處模式及規則，最好也要事前先與家人溝通、協調好。

舉例來說，「對於教養比較嚴格的媽媽會因為狗狗爬上沙發而生氣，但爸爸非但不禁止，還會撫摸在沙發上的狗狗。」如此一來，家人不同步的處理模式會使狗狗因「可以坐在沙發上？不可以坐在沙發上？」而產生混亂。

另外，如果媽媽訂下「全家吃完飯才能給狗狗飼料」的規則，全家就必須遵守，一旦有人破壞規則，管教就會失去作用。

一家人共同照顧狗狗的話，千萬不要獨自一人訂規則，要與家人共同討論，共同制定全家人都必須遵守的規則。

全家共用

口令　　相處模式　　規則

約定8

務必讓狗狗服從指示

一旦對狗狗下達口令，最重要的就是讓牠絕對服從。

務必讓愛犬服從指示與命令。這是身為訓練師的我們最重視的一點，同時也是飼主們最容易鬆懈的地方。

舉例來說，當下達「等待」的口令時，若狗狗不願意等候的話，通常飼主都會直接妥協並放棄。

但這樣的舉動會使狗狗產生「不喜歡的話，不順從也沒關係」的心態。服從性一旦降低，狗狗與飼主之間的主從關係就會崩塌。

因此，飼主一旦下達命令，無論過程中發生什麼事，也務必要讓狗狗服從。管教狗狗的時候，要拿出絕不妥協的魄力才行。

不喜歡的話，
不順從也沒關係♫
等待！啊……
真拿你沒辦法……

約定9

訓練時間不宜過長，多反覆幾遍

狗狗的專注力頂多15～20分鐘。因此訓練時間不要拖得過長，盡量在15～20分鐘內逐一教導。

訓練的時候，只要成功一次，即便時間才經過5分鐘，也要立即給予稱讚，並結束訓練。

多反覆幾遍這樣的模式後，狗狗自然會習慣「只要做得好，主人就會稱讚我，並且結束訓練。」

如此一來，當進行下個階段的新訓練項目時，狗狗為了獲得稱讚，自然會更加努力去做好，訓練也會因此變得更加順暢。

約定10

表現好時，打從心底稱讚

狗狗確實服從口令時，飼主要打從心底稱讚牠。不需要給予零食或玩具等實質性的獎勵，只要打從心底真心、熱情的給予稱讚，那份心意自然會傳達給狗狗。

稱讚的方式有三大重點。

第一，只要狗狗確實服從口令，請在三秒內給予稱讚。時間隔太久的話，狗狗會搞不清楚自己的哪個行為受到飼主的讚揚（訓斥的時候也是同樣的作法）。

第二，請改變說話聲音的音調。狗的聽力非常敏銳，任何微妙的音調變化，牠們都能加以辨別，所以請以不同於平時的說話聲音稱讚牠，讓狗狗能夠察覺自己受到飼主的稱讚。

第三，一邊稱讚，一邊輕拍狗狗的臀部與胸口部位。多數人可能不太清楚，輕拍這兩個部位，會讓狗狗感到很開心。所以平時盡量不要觸碰這兩個部位，只在狗狗確實服從口令的時候才撫摸、輕拍，如此一來就可以充分發揮「稱讚」的效果。

稱讚的重點

3秒
內給予
稱讚

改變
聲音的
音調

撫摸狗狗
會感到開心
的部位

約定11

就算失敗，也不要有情緒性的怒罵

訓練中若要斥責狗狗的時候，飼主不可以過於情緒化。舉例來說，飼主若大聲責罵，狗狗會以為飼主在跟牠玩，反而會將『負向』的管教誤解為『正向』的玩樂。

另一方面，直視著狗的雙眼責罵也是不太好的管教方式。狗會認為這是一種敵對挑釁的行為，反而會因此破壞飼主與狗狗之間的信賴關係。

而拍打狗狗的管教方式更不應該。狗狗會因此對飼主的手產生警戒心，每當飼主的手靠近時，就會出現咬人等攻擊性行為。

在訓練過程中，可以透過拉緊智慧項圈的方式來傳達「不可以這麼做」的指示。只要利用這樣的方式就可以充分將「不可以」的指示間接傳達給狗狗，所以絕對不要有過於情緒性的責罵。

不該有的責罵方式

大聲斥責　　盯著眼睛責罵　　拍打

column 1

「公狗與母狗」

狗也分男性化與女性化！

依照性別的不同，狗也會有不同的個性。

公狗的特性會依犬種而異，而且公狗比母狗還明顯。舉例來說，攻擊性較強的日本犬，公的母的各養一隻的話，大家就會發現公狗的攻擊性比母狗來得強烈。除此之外，公狗的地盤意識強烈，支配慾和攻擊性也都比較強。像是標記行為，也是公狗特有的行為。

相較於公狗，母狗的支配慾與攻擊性較弱，多半也比公狗來得穩重。至於運動能力，並不會因為犬種的不同而有太大的差異。

綜合以上各點，可以說母狗比公狗容易飼養，所以初次養狗的人，選擇母狗比較保險。

公狗結紮

公狗的結紮，大約在出生半年後就可以進行。這個時期的公幼犬尚沒有強烈的支配慾或自我意識，所以這時候結紮的話，就可以降低攻擊性和支配慾。亦即，就算是攻擊性強的犬種，只要在幼犬時期結紮的話，就會變得較穩重，較容易飼養。

另外，進行結紮後，公狗也比較不會追逐發情的母狗，可以同時解決標記行為等問題。

因此，如果不是基於繁殖的目的，盡早將公狗結紮會比較好。

◉母狗懷孕

狗和人類一樣，只要是雌性，就會有初經，會有生理期。母狗可能會懷孕的時期無關犬種的不同，原則上都是生理期開始後的第7～10天。

這個時期的母狗會散發出一股獨特的味道，而這股味道會刺激公狗發情。

公狗本身沒有所謂的發情期，但會受到母狗發情氣味的影響，所以只要不讓公狗靠近發情的母狗，就可以避免母狗受孕。

外出散步時，飼主只要稍加不留意，狗狗就容易有交配的機會，所以在母狗可能受孕的期間，盡可能不要與其他公狗有所接觸。

PART 2

何謂
智慧項圈
訓練術？

本書在部分PART 3的基礎訓練與PART 4的智慧項圈訓練術中，將會使用「智慧項圈」來訓練教育狗狗。不過，我想多數人應該感到很困惑「智慧項圈究竟是什麼呢？」

在這個單元中，我將針對智慧項圈訓練術和智慧項圈先加以說明。請大家在瞭解智慧項圈的概念後，再為家裡的愛犬準備一條適合的智慧項圈。

何謂智慧項圈訓練術？

訓練狗的基本方式有兩種：「誘導訓練」與「強制訓練」。

「誘導訓練」是指當狗做到飼主期望的動作時，就給予「獎勵」的訓練。誘導訓練的優點是狗和飼主都能夠既愉快又輕鬆做到，然而多數飼主通常都無法成功誘導出期望中的動作，或者無法在適當的時間點給予獎勵，所以，對非專業飼主來說，這並非輕而易舉的訓練。

另一方面，「強制訓練」容易與「問題行為」、「不愉快」結合在一起，亦即，若做出「不該做的事」，就會發生「不好的事」，是性質較為『單純化』的訓練。而本書介紹的智慧項圈訓練術也屬於「強制訓練」的一種。

智慧項圈訓練術中會使用到「智慧項圈（金屬鍊條項圈）」這種套在狗狗頸部的頸圈。當狗狗做出非飼主期望的行為時，飼主可以在發號「不可以！」口令的同時拉緊智慧項圈，讓狗狗瞭解問題行為與肉體疼痛是合為一體的。

或許有些人會擔心這樣的舉動會造成狗狗肉體上的負擔，但大家儘管放心，拉緊項圈的力道並不會大到使狗窒息，而且多數專業訓練師也常用這種項圈來訓練狗，這是一種既安全又普

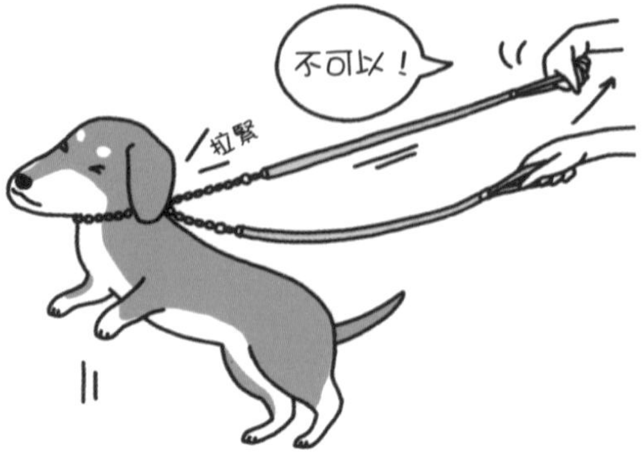
不可以！
拉緊

智慧項圈
繫在狗狗頸部，
訓練專用的頸圈

遍使用的訓練道具。簡單說，智慧項圈訓練術只是一種「報應式」的管教方式，教育狗「若做出這種行為，會發生不好的事」，這與體罰是完全不同的。或許大家並不清楚，但其實母狗也都會以咬著幼犬頸部的皮這種方式來加以管教。而智慧項圈的功效就形同這樣的效果。

基本上，進行智慧項圈訓練術時，建議大家使用智慧項圈，不過，有些犬種則適合一般的頸圈（不會收緊的類型）和牽繩。自家愛犬是否適合智慧項圈，請大家參考下方圖片加以確認，若家裡愛犬適合使用智慧項圈的話，請盡量購買智慧項圈來進行訓練（請於愛犬4個月大以後再進行智慧項圈訓練術）。

確認完之後，請再參考下一頁的「智慧項圈挑選法」，為您家的愛犬挑選最適合的智慧項圈。

適用智慧項圈的評估

有喉嚨方面的疾病。

NO →

家裡的狗是博美犬、貴賓犬、吉娃娃等短吻犬種。

NO →

請參考下一頁，選購適合的智慧項圈。

YES ↓（有喉嚨方面的疾病）

不適合進行智慧項圈訓練術。請從建立主從關係著手，有耐心的解決愛犬的問題行為。

YES ↓（短吻犬種）

使用一般頸圈進行訓練。

刺激的強度

一般頭圈	繩索類型	半鏈條類型	全鏈條類型

弱 → 強

尺寸的選購方式

選購智慧項圈時，有一點需要特別注意，那就是尺寸。多數鏈條頸圈都無法解開成為繩索狀，若鏈條項圈無法從頭部套進去的話，很可能會有買來之後「無法配戴」的情況。市售的智慧項圈都清楚標明頭圍的尺寸，所以務必確實量測愛犬的頭圍後，再選購適合的尺寸。

請以布尺量測愛犬的頭圍。

智慧項圈的選購方式

智慧項圈的種類

智慧項圈大致可分為三種類型。底下會針對各種類型的特徵加以說明，請大家瞭解之後再為家裡的愛犬挑選最適合的一種。

1. 全鏈條類型

整條頸圈都是金屬鍊條。推薦大家可以購買「Meister Project」品牌的項圈。

2.半鏈條類型

只有收緊的部分是金屬鏈條，接觸狗狗頸部的部分則幾乎是布製或皮製。

3.繩索類型

頸圈和牽繩一體成型的類型。

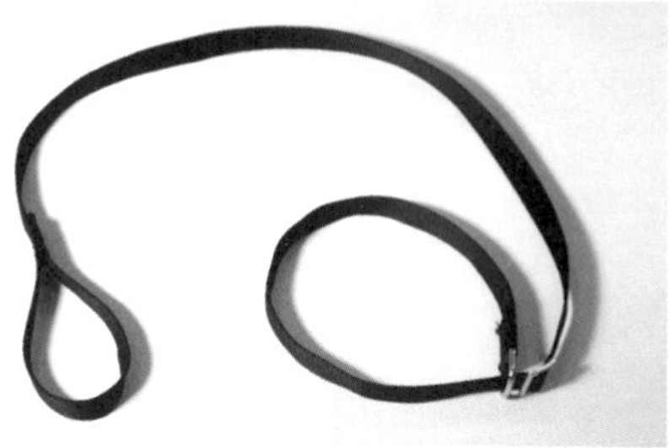

拉緊智慧項圈的方法

使用智慧項圈的時候，有個重點要請各位飼主多加留意，那就是拉緊項圈的力道。絕大多數的飼主一開始的力道都非常小，但力道必須大到飼主自己也覺得「咦！需要這麼用力嗎!?」這樣的訓練才會有效。

狗的頸部肌肉發達，相當結實。有些狗在散步時會拼命往前衝，即使項圈陷入肉裡，牠們也不為所動，這就是狗頸部極為強而有力的證明。**若飼主拉緊項圈的力量過於薄弱，只會讓狗狗感到疑惑「是不是有人在拉我？」**

雖然說要用力拉緊，但如果情緒過於激動，拼了命的使勁拉扯，那就真的變成體罰了。所以訓練時，請務必以適當的強度，配合口令「用力」拉緊一次就好（適當的強度會依犬種而有所不同。雖然說要有適當的強度才足以阻止愛犬的問題行為，但一開始還是由小到大逐漸加重力道，慢慢探索出最適合愛犬的力量強度。）

除了力道外，配戴位置也很重要。**智慧項圈最能發揮成效的位置，是比一般頸圈再稍微高一點的地方。**請大家將智慧項圈配戴在最具效果的位置上，然後再進行訓練。

PART 3

培養主從關係的基礎訓練

培養狗狗的服從性，並且控制狗狗的同時，需要六個非常基本的口令。只要能讓狗狗服從這六個口令，就可解決不少不當的問題行為。

在以智慧項圈訓練術矯正問題行為的同時，也要確實地進行這些基礎訓練。

基礎訓練①

坐下

DVD
01

「坐下」是基本中的基本！

「坐下」是接下來要進行的基礎訓練中最基本的口令。

舉例來說，「趴下」、「等待」、「過來」，都是必須先讓狗狗坐下，才能進行下個步驟的口令。即便是「腳旁隨行」，偶爾也會使用到「坐下」這個口令。

也就是說，若不讓狗狗先記住這個口令的話，就無法再教導其他口令。

除此之外，坐下可以使狗狗的情緒穩定下來，具有抑制狗狗突發性行為的效果。平時若要控制狗狗，也經常會使用到這個口令。

「坐下」是一個非常重要的基本口令，請務必確實讓狗狗學會。

❶讓狗站在旁邊

套上牽繩，讓狗狗站在自己身邊。這時候請將牽繩收短。

❷發號口令

下達「坐下」的口令時，要在狗狗面前以手指做出「由下向上」的動作。訣竅在於邊做動作邊將牽繩往上拉（將智慧項圈套在最具效果的位置上，會更容易讓狗狗坐下來。）

❸稱讚

狗狗一坐下就立刻稱讚牠。反覆幾次之後，只需要口令與手勢，就可以讓狗狗聽話的坐下來。

▶聲符與視符

對狗狗下達指令時，可透過口令的「聲符」，或者以手指做出動作的「視符」兩種方式。如此一來，無論在任何狀況下，都能交替使用這兩種方式控制狗狗。舉例來說，在視野較不清楚的環境下，可透過聲符下達指令；在雜音多的地方，則是視符會比較有效。另外，坐下的視符之所以由下往上，是為了讓狗狗抬起頭，並且順勢將下半身往下坐。

基礎訓練②

趴下

DVD 02

提升服從性的「趴下」

對狗來說，趴下這個動作是「承認眼前這個人的地位高於自己，並且願意加以服從的狀態」。每天都讓狗狗趴下的話，可以有效提升狗狗對飼主的服從性。

另外，狗在趴著的狀態下，較坐著時更難有立即性的動作，所以趴下這個口令更能有效控制狗狗。對狗來說，趴著的這個姿勢比較不累，能夠完全放鬆，所以若要讓狗長時間等候的話，趴下會是一個較具效果的口令。

要加深主從關係，又要有效控制狗狗的話，趴下是一個非常重要的口令，所以務必在此階段讓狗狗學會這個口令。

❶先讓狗坐下

在坐著的狀態下，抓緊牽繩的底部。

❷發號口令

在抓緊牽繩底部的狀態下，下達「趴下」的口令，並且將牽繩向下拉。這時候，要在狗狗面前以手指做出「由上向下」的動作。

❸稱讚

狗狗一趴下，就好好的稱讚牠。

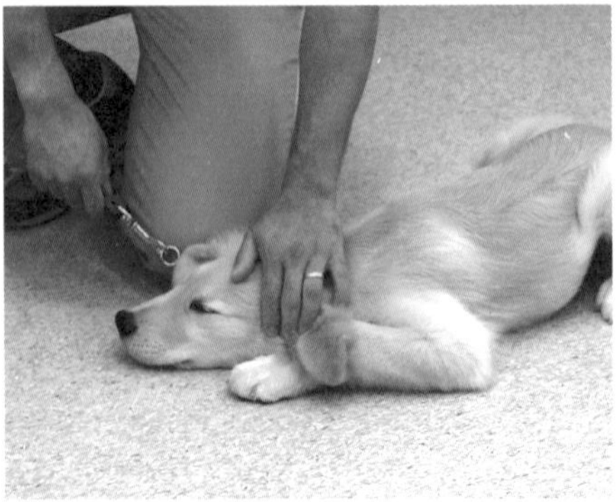

不願意趴下的情況……

光靠口令和手勢就突然要狗狗趴下，或許不是一件簡單的事。解決方式是一開始在發號口令的同時，一手壓著狗狗的頭，一手將牽繩往下拉，讓狗狗順勢趴下來。以「壓頭的力道：拉緊牽繩的力道＝7：3」的力道大小來訓練狗狗趴下。

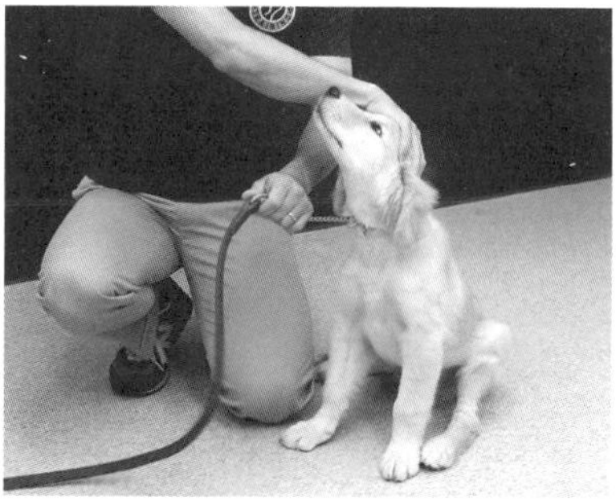

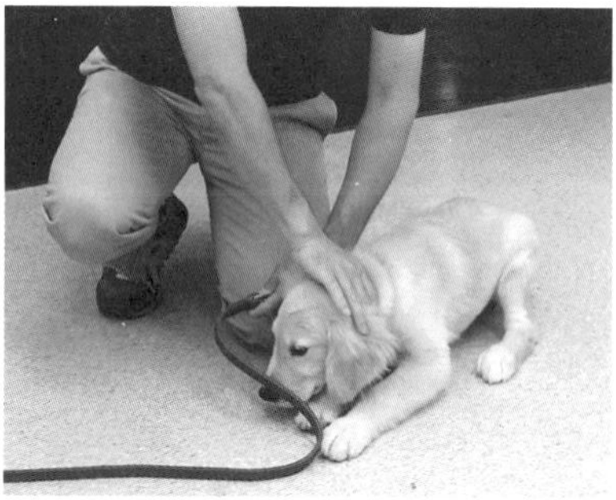

壓頭會咬人的情況……

對於攻擊性較高的狗，如果壓牠的頭，牠可能會反咬飼主的手，這時就要活用牽繩使狗狗趴下。先將牽繩拉到膝下，下達口令後，以膝蓋將牽繩壓到地上，如此一來就能強制性的將狗狗的頭往下拉，讓狗狗趴下來。

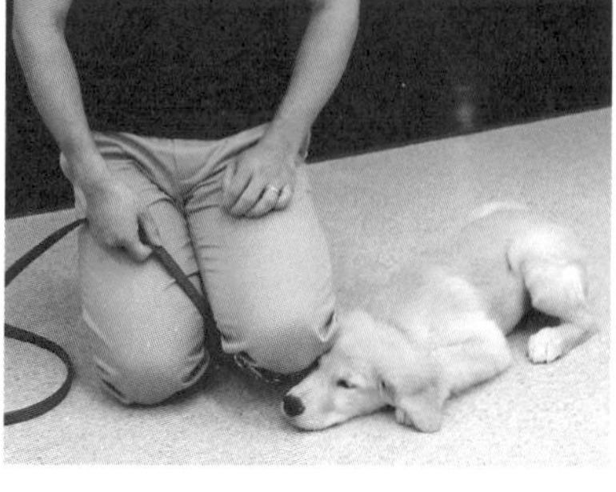

基礎訓練③

等待

DVD 03

讓狗狗學會「等待」是飼主的責任！

「等待」是控制家裡愛犬時，最基本的一個口令。讓狗學會忍耐，沒有飼主的指令，就不能有其他動作。不用多說，這絕對可以提升狗狗對飼主的服從性。

若能讓狗記住這個指令，就可以透過『一句話』制止狗狗的突發性行為。

例如，飛奔到馬路上；撲到人身上……。

這是一個非常重要的口令，既能夠保護愛犬的生命，也不會讓愛犬加害於他人。

這是飼主的責任，請大家務必讓家中愛犬記住這個口令。

❶讓狗狗認知「等待＝不可以動」

讓狗狗坐下，下達「等待」口令的同時，將手掌面向狗狗。只要狗狗在這樣的狀態下稍微靜止不動，就立刻好好的稱讚牠。若狗狗依然動個不停，就拉緊智慧項圈，讓狗狗習慣並學會「當飼主說等待時，就不可以動」。然後再逐漸延長讓狗狗等待的時間。

❷利用誘惑物來練習

當狗狗學會「當飼主說等待時，就不可以動」之後，接下來利用誘惑物來練習。準備誘惑物，擺放在狗狗面前，然後下達「等待」的口令。

❸狗狗若做不到，就拉緊智慧項圈

如果狗狗無視口令，硬要拿取誘惑物的話，下達「不可以」的口令，並同時拉緊智慧項圈。要教會狗狗即便有誘惑物，也絕對不可以動。

❹稱讚

當狗狗放下誘惑物，服從「等待」的口令而靜靜等候時，立即給予稱讚。

基礎訓練④ 過來

DVD 04

不過來，是因為不想過來

「只要飼主一呼喚，無論任何情況下，狗都會立刻過來。」這是基本的主從關係。如果一呼喚，狗狗會立刻過來的話，飼主也比較容易控制狗狗。

在飼主的呼喚下，狗狗依舊不肯過來的話，肯定是因為有某種理由，像是「去飼主身邊的話，可能會挨罵」，或是「去飼主身邊的話，可能會被關進狗屋」等吃力不討好的事。

這時無論在任何情況下，一定要想辦法讓狗狗「想去飼主身邊」。除了訓練期間外，當狗狗順從的來到飼主身邊時，請務必真心的給予稱讚。

如此一來，當您呼喚愛犬時，牠一定會開心的來到您身邊。

❶等待，牽繩放至最長

讓狗狗在等待的狀態下，將牽繩放至最長。

❷下達口令，收短牽繩

飼主蹲下身，下達「過來」口令的同時，慢慢收短牽繩，讓狗狗走向自己。

↓

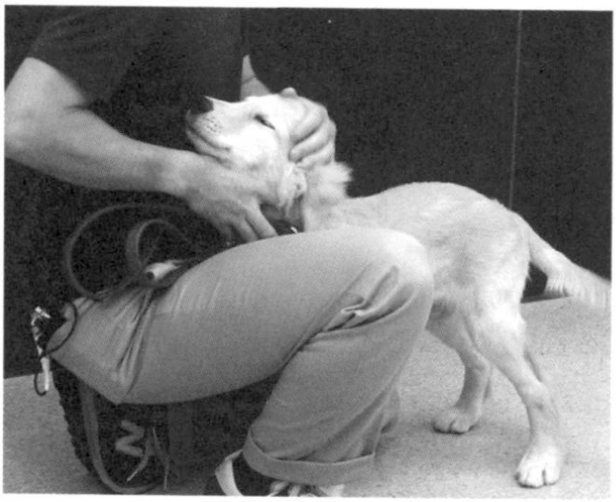

❸稱讚

將牽繩完全收到手邊後，好好的稱讚狗狗。多重覆訓練幾次，讓狗狗學會當飼主說「過來」時，只要來到飼主身邊就會獲得稱讚。

試著只下達口令

有限度的重覆幾次❶～❸的訓練後，接下來，幫狗狗配戴上智慧項圈，再一次下達「過來」的口令。若狗狗不肯過來，為了教育牠不聽從口令是不對的行為，就拉緊項圈給予刺激，並收短牽繩讓狗狗走向自己。透過這樣方式讓狗狗學會聽到「過來」口令卻不走向飼主的話，就會發生不好的事。

另外，可以再進一步在一旁擺放誘惑物，然後進行「過來」的訓練。若狗狗走向誘惑物的話，就立刻拉緊智慧項圈。

※不要在下達「過來」口令的同時拉緊智慧項圈。這樣狗狗會對「過來」的口令產生恐懼感，反而更不願意走向飼主。

基礎訓練⑤

腳旁隨行

DVD 05

每天加以訓練的「腳旁隨行」

散步的時候，您家愛犬是否走在您的前面呢？

如果您家愛犬走在您的前面，那牠很可能認為自己是老大，握有主導權。因為在狗的族群中，走在最前面的通常是領袖。為了矯正狗的這種行為，必須進行腳旁隨行訓練（鬆繩訓練）。

腳旁隨行是一種讓狗狗認知飼主才是領袖的訓練。從主從關係的觀點來看，這是一項非常重要的訓練，希望讀者能持續每天都進行這項訓練。

❶下達「跟隨」口號的同時向前走。

將牽繩放鬆放長，下達「跟隨」口令的同時，拍打自己的大腿向前走（讓狗狗習慣聽到「跟隨」的時候就向前走）。

❷狗狗一走到自己前面就轉身

當狗狗走到自己的前面時，立刻往反方向轉身，拉動牽繩讓狗狗也跟著朝反方向前進。多重複幾次，讓狗狗記住飼主握有主導權。

▶ 飼主停下來就要等待

除了腳旁隨行外，順便讓狗狗學會當飼主停下腳步時，自己就要跟著停下來等待。多反覆幾次「前進數步，停下腳步，等待&坐下」，讓狗狗認知「當飼主停下腳步時，自己也必須停下來」。

❶前進數步

❷停下腳步，等待

停下腳步後，以「等待」的口令制止狗狗繼續前進。空著的那隻手抓住牽繩底部，這麼做會比較容易控制狗狗。

❸坐下

接著以「坐下」口令讓狗狗坐下來。狗狗一坐下，立刻稱讚牠，然後再讓牠站起來向前走，重覆❶～❸的步驟。

基礎訓練⑥

進狗屋

DVD 06

加深主從關係的「進狗屋」訓練

「和狗狗玩樂之後，要牠回狗屋是一件很辛苦的事……」想必有這種煩惱的飼主應該很多。

接下來的訓練項目是無論狗狗和飼主玩得多瘋，都能在一句「進狗屋」的口令下乖乖回到自己的狗屋。

透過這項訓練，也可以加深主從關係。傳達「這裡是飼主的領域」的同時，利用除塵拖把將狗狗趕回牠自己的狗屋。對狗來說，這也代表「將現在這個地方讓出來」的含意，如此一來可以有效提升狗狗的服從性。

現在就讓我們一起穩紮穩打的進行這項訓練吧。

❶以柵欄將狗屋圍起來

以柵欄將狗屋圍起來，準備好訓練場所。空間要大到讓人和狗可以在裡面自由活動，接著再將狗狗放進柵欄裡。

❷追趕狗狗

首先，不出聲的以除塵拖把追趕狗狗。藉由這樣的方式讓狗狗認知「這裡是飼主的領域」。

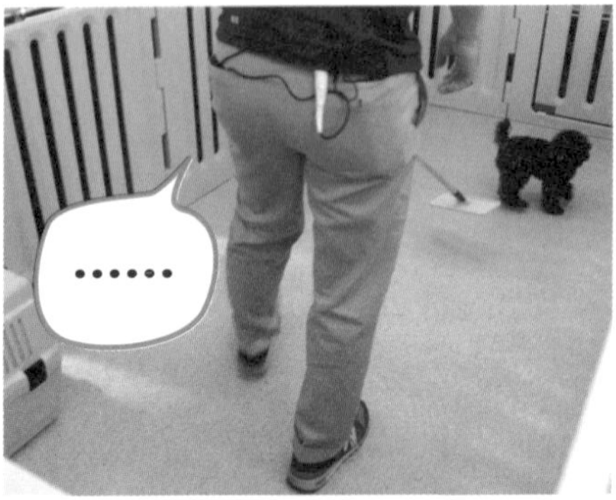

※從狗狗的背後追趕的話，恐會讓狗狗誤認為飼主在跟牠玩，所以務必從正面追趕牠。

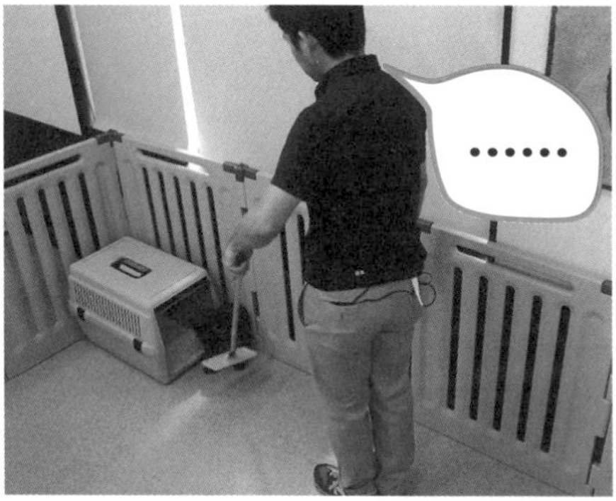

❶將狗趕進狗屋

不出聲的繼續追趕，慢慢的將狗趕進狗屋。狗狗一進狗屋，就不要再有任何追趕的動作，讓狗認知狗屋才是牠的領域。狗一離開狗屋，就再重覆同樣的追趕動作，多重覆個幾次，讓狗狗有所認知。

※當狗狗進到狗屋裡時，絕對不可以稱讚牠。必須讓牠認知「進狗屋是理所當然的事」。

❷搭配「狗屋」的口令追趕

重覆數次❷、❸的訓練後，接著搭配「狗屋」的口令來追趕狗狗。讓狗學會當聽到「狗屋」的口令時，就必須回到自己的領域（狗屋）。

❸慢慢改為只以口令來訓練

以除塵拖把輔助進行訓練時，偶爾確認一下是否能夠只以口令就讓狗狗自動進狗屋。若單靠口令就能讓狗狗進狗屋的話，這項訓練就算大功告成。

column 2

「正確的洗澡方式」

◉洗澡的目的

狗原本是沒有洗澡的習慣，經醫學證明，即使一輩子不洗澡也沒有關係。再說狗其實不太喜歡身體被水淋濕。因為身上必要的油脂會被沖掉，能主張自己地盤的味道也會不見，缺點還挺不少的。

但因為狗和人類生活在一起，為了去除狗身上的異味，勢必得幫狗洗澡才行。

雖然狗不喜歡洗澡，但為了配合人類也只好被迫洗澡，因此盡可能學會正確的洗澡方式，不要讓狗狗增加無謂的壓力。

◉初次洗澡的時間點

無論任何事，從小養成習慣是非常重要的，但洗澡這件事，最好在出生3個月過後再進行。幼犬的皮膚和細毛對外來刺激的抵抗力很弱，而幼犬本身的體力也較差，洗澡的話，恐怕容易因此而感冒。

另一方面，在教育不夠完全的時期，若洗澡方式不對，極可能會讓狗對洗澡產生厭惡感與恐懼感。

因此最好在出生3個月後，再漸進式的幫狗洗澡。

洗澡的方式

❶站在放好洗澡水的浴缸裡

以溫柔、不會嚇壞狗的聲音呼喚，然後讓狗靜靜站在5～10公分高、30℃左右（將近40℃的水溫會對狗狗的身體造成很大的負擔）的洗澡水中，輕輕的將洗澡水淋在狗狗身上。為避免狗狗暴動，最好先套上牽繩。

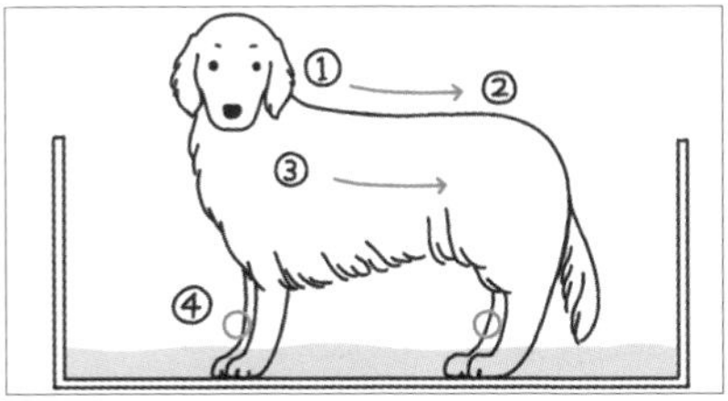

❷洗澡

洗澡的時候，從頸部往背部方向清洗。將洗毛精搓出泡沫，然後輕輕搓洗狗的頸、肩、背、臀、尾巴。接下來，用雙手以按摩的方式搓洗胸部、腳腹連接處、側腹、腹部和腳。狗的皮膚較人類脆弱，所以絕對不要使用一般人類專用的沐浴乳幫狗洗澡。

❸沖掉泡沫

使用蓮蓬頭或水瓢裝溫水將全身的泡沫確實沖洗乾淨。如果洗毛精殘留在身上，恐會造成皮膚炎，所以務必將洗毛精沖乾淨。特別是腹部和腳腹連接處容易殘留泡沫，請多加注意。

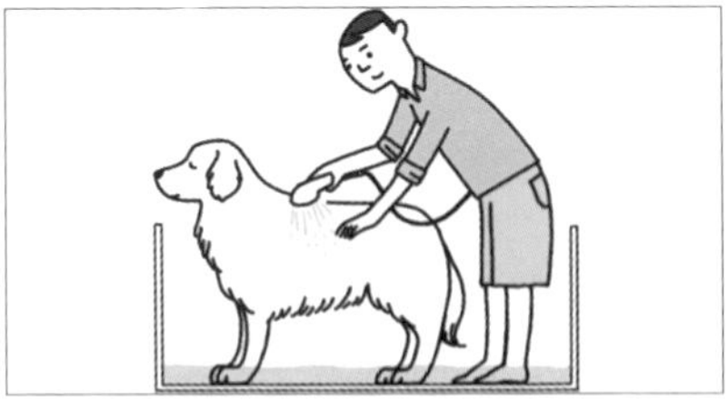

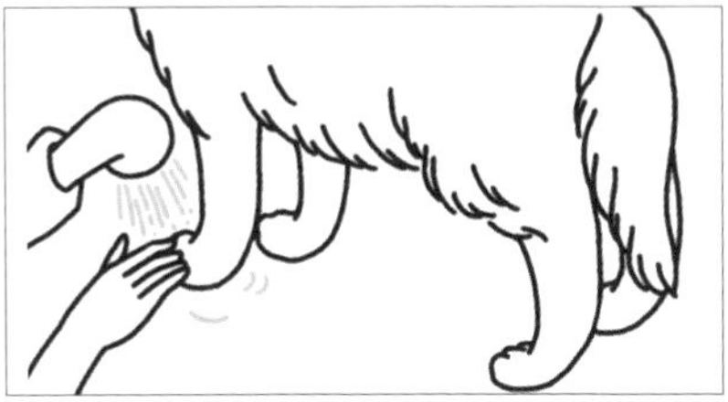

❹洗腳

跨出浴缸後，用清水再次沖洗腳尖和腳底，將洗毛精澈底沖乾淨。特別是腳趾之間容易殘留洗毛精，一定要仔細沖洗。

❺洗臉和洗頭

狗不喜歡人家在牠臉上和頭上淋水，如果因討厭洗臉而有失控的情況發生，可以試著使用海綿沾水，擰乾後輕輕擦拭。或者待全身擦乾之後，再以溫毛巾仔細的擦拭狗狗的頭和臉。

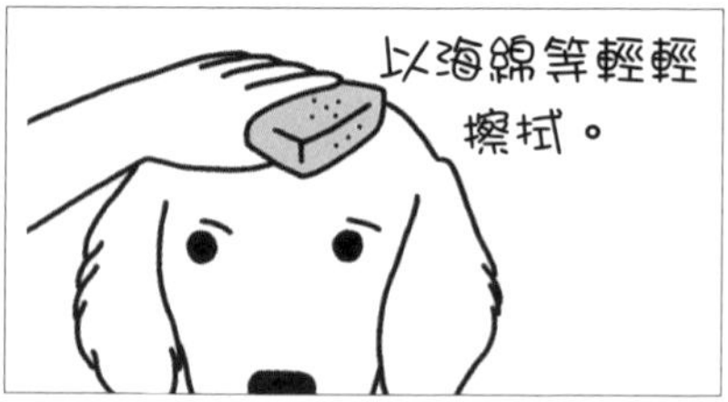

❻擦乾身體

在狗自行甩掉身上的水之後，以浴巾確實擦乾全身。

❼吹乾

邊使用刷子或梳子梳開狗身上的毛，邊用吹風機俐落的將狗毛吹乾。特別是冬天，要盡量迅速吹乾。請絕對不要讓熱風過於靠近狗，也不要將吹風機正對著臉部吹。

PART 4

問題行為別
智慧項圈
訓練術

本書將針對主要的五種問題行為，為大家介紹如何活用智慧項圈訓練術加以解決。

請大家搭配DVD影片，一起來改善並矯正愛犬的問題行為。

智慧項圈訓練①

吠叫

DVD 07

為什麼吠叫？

「散步中或客人來訪時叫個不停，讓我好沒面子……」

「我要外出時，牠就一直叫個不停……」

想必有不少人常因愛犬的吠叫而感到困擾吧。狗之所以吠叫，原因很多，例如「想要保護自己的地盤」、「戒心」、「自我防衛」、「對飼主表明自我主張意識」等等。

吠叫的原因會依當時的情況而有所不同。舉例來說，對著來訪的客人吠叫，是為了想保護自己的領域不受他人侵佔。

現在，針對三種最令飼主感到苦惱的吠叫情況，為大家介紹如何加以矯正的訓練方法。

請先找出自家愛犬吠叫的真正原因，再依不同原因選擇適當的訓練方法。

❶請協助者幫忙按門鈴

在配戴智慧項圈的狀態下，讓狗狗坐在自己身邊。然後再請朋友或家人按門鈴。

❷一吠叫就拉緊智慧項圈

當狗狗對門鈴聲有反應而吠叫時，下達「不可以！」口令的同時拉緊智慧項圈。吠叫的“瞬間”就拉緊項圈是這個訓練的重點所在。如果沒有即刻拉緊項圈的話，無法讓狗狗認知一吠叫就會有壞事發生。

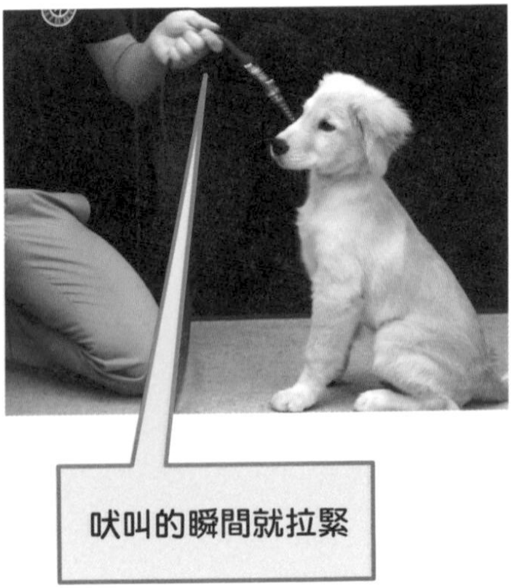

❸重覆同樣動作直到不吠叫為止

重覆按門鈴和「一吠叫就拉緊智慧項圈」的動作。當狗聽到門鈴聲不會吠叫的時候，立即好好給予稱讚。

CHECK!!

狗聽到門鈴聲就吠叫，多數是因為想要捍衛自己的領域而產生的「戒心」所致。因警覺「外面傳來聲響！有入侵者接近！」而吠叫。
這是因為狗將整個家視為自己的所屬領域，因此只要讓狗有自己的歸屬場所，應該就可以解決這樣的問題。如果家中採自由放養的話，狗容易將整個家視為自己的領域。有這種情況的飼主可以先買個柵欄，幫狗打造一個屬於牠自己的場所。

❶配戴智慧項圈外出散步

配戴智慧項圈後，再像平常一樣外出散步。

❷一吠叫就拉緊智慧項圈

當狗對著其他狗吠叫時，立刻拉緊智慧項圈並且下達「不可以！」的口令。教育狗不可以對著一旁其他狗吠叫。

CHECK!!

散步中的吠叫，多半是恐懼和警戒兩種因素造成。若因為恐懼而吠叫，那解決辦法就只有一種，讓牠習慣，慢慢克服恐懼。透過從小多與其他狗接觸的方法，緩和狗狗的恐懼心。

CHECK!!

若是對其他路過的狗吠叫，「等待」訓練可以有效解決這個問題。發現有其他狗要經過時，就先以「等待」口令加以控制。如果狗非常順從的乖乖等候，立刻給予稱讚。多重複幾次，便能有效改善這個問題。

❶一看到其他狗接近，立刻下達「等待」的口令

❷乖乖等候的話，立即給予稱讚

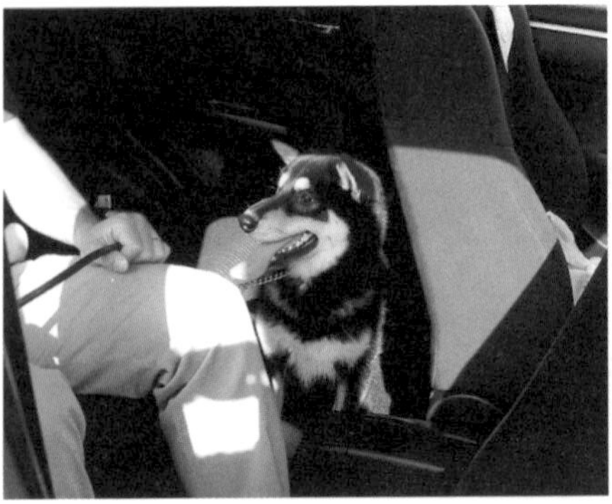

❶後座腳踏墊上「等待」

先讓狗狗坐在後座的腳踏墊上，然後下達「等待」的口令。接著請協助者幫忙啟動引擎。

❷一吠叫就拉緊智慧項圈

汽車一起動，狗開始吠叫的時候，立刻拉緊智慧項圈說「不可以！」重覆練習幾次，直到狗不會吠叫為止。

CHECK!!

先在尚未啟動引擎的狀態下，讓狗可以確實做到在車內等待。下達「等待」口令，只要狗狗一動，就拉緊智慧項圈加以制止。在引擎啟動的狀態下也多練習幾次，讓狗狗慢慢熟悉汽車。

CHECK!!

「飼主一不在就吠叫」的這種「看家吠叫」也是讓飼主傷透腦筋的一種吠叫情況。這多半是因為狗對飼主過度依賴的「分離焦慮症」所致。若遇到這種情況，比起藉由智慧項圈矯正牠的行為，更應該追根究柢澈底解決。例如，不要和狗睡在一起，循序漸進的減少狗對飼主的依賴，讓狗習慣獨立。直到狗習慣為止，這個過程需要相當大的耐心。為了改善狗看家吠叫的習慣，從今天起費點心思做到以下這兩點，如此一來便能夠逐漸改善狗獨自在家時的不安情緒。

❶外出前，盡量不加以理會

飼主外出前過於逗弄狗的話，反而會加深飼主出門後狗的不安情緒。出門前除了不要和狗玩、不要餵食外，盡可能也不要看著狗，盡量不加以理會。

❷外出時，安靜出門

外出時，不要對狗說「我出門囉。」也不要撫摸道別，在無視牠的狀態下安安靜靜出門。訣竅就在於不讓狗察覺到飼主外出。

智慧項圈訓練②

咬人

DVD 08

為什麼會咬人？

狗為什麼會咬人，可分先天性和後天性的因素。

在後天性因素方面，很可能是狗學會只要透過咬人的方式，就可以避免討厭或不擅長的事。

例如，梳毛時咬人、有人想取走飼料時咬人……養成只要對方做出自己不喜歡的事，就立刻咬人的壞習慣。

為了改變狗的這種壞習慣，必須先改變狗的認知。先製造狗會咬人的情境，再以智慧項圈教育牠即使對方作了自己不喜歡的事，也絕對不可以咬人。

❶先掌握家裡愛犬會在什麼情境下咬人

狗之所以咬人，必有動機。清楚掌握「何時」、「地點」、「做什麼事時」等情境，有助於矯正愛犬咬人的壞習慣。

寫下您家愛犬會在什麼情境下咬人

EX.刷毛的時候、取走飼料的時候、想摸牠的時候……

❷愛犬想咬人時，立刻拉緊智慧項圈

列出愛犬會咬人的情境後，每當愛犬想咬人時，下達「不可以！」口令的同時拉緊智慧項圈。不是被咬之後才拉緊項圈，而是在狗狗想咬人的瞬間就拉緊智慧項圈。

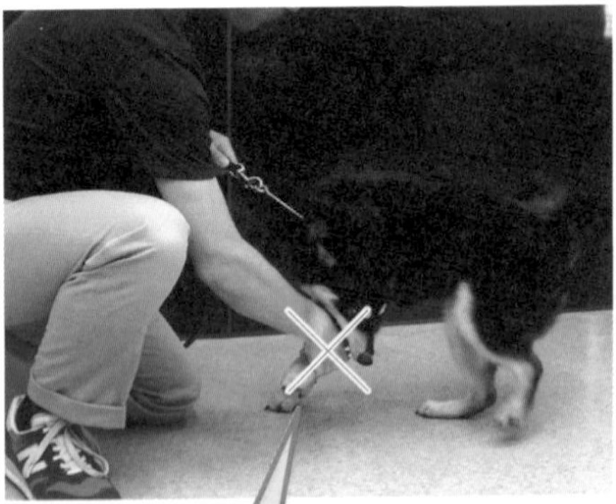

並非被咬之後才拉緊，是在狗狗想咬人的瞬間就拉緊智慧項圈。

❸不咬人就給予稱讚

多製造幾次狗狗會咬人的情境，若狗狗稍有改善，不會時常低吼或者咬人的話，就給予稱讚。

就算手被抓住，也不可以咬人……

CHECK!!

如果狗咬人是因為「攻擊性較強的犬種」這種先天性的因素，有時飼主硬去糾正，反而會使情況更惡化。所以家裡的愛犬如果有非常嚴重的咬人壞習慣，最好尋求專業人員協助。特別是日本犬，因為先天攻擊性較強，一定要特別注意。

要特別留意公的日本犬!!

智慧項圈訓練③

撿食

DVD 09

為什麼會隨地撿食？

隨地撿食是一種可能會危害狗狗性命的問題行為。

身為飼主，一定要設法矯正愛犬的這個問題。

那麼，為什麼狗會隨地撿食呢？

撿食的因素很多，可能是出自本能、可能是因為好奇，或者以前撿食時，飼主會格外關心，進而食髓知味變成習慣等等。

無論是哪一種因素，一定要確實教育家裡的愛犬，絕對不可以撿食掉落的東西。

為了愛護家裡愛犬的生命，請務必矯正這個壞習慣。

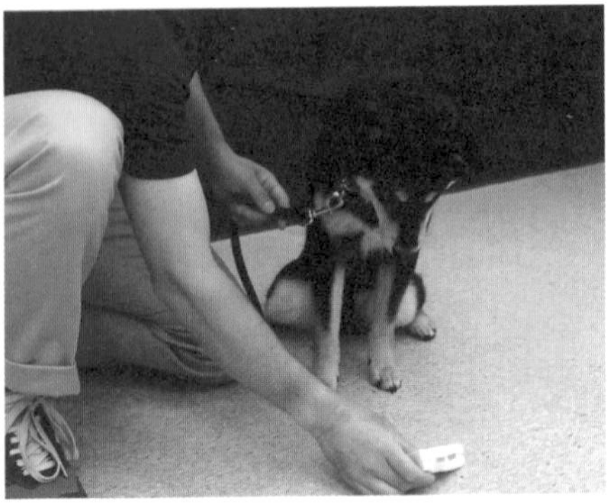

❶擺放誘惑物

先讓狗狗坐下，將誘惑物擺放在牠眼前。

❷一想撿食誘惑物，立刻拉緊智慧項圈

狗狗一想撿食誘惑物，飼主立刻下達「不可以！」的口令，並且同時拉緊智慧項圈。進行數次練習後，狗狗就不會再任意撿食。當狗狗不再隨地撿食，就好好給予稱讚。

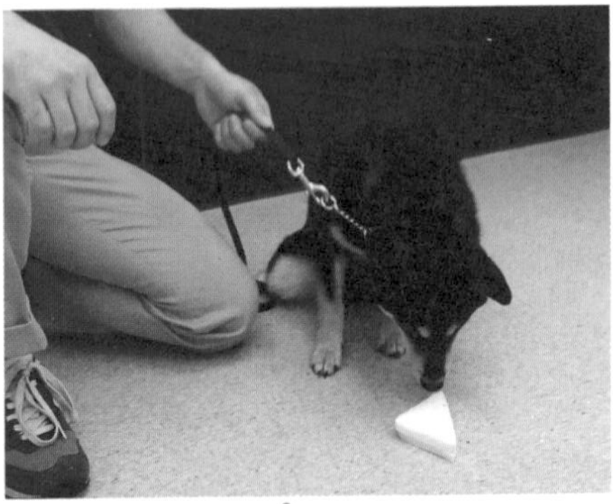

↓

❸改變場所與誘惑物，反覆練習

改變不同的誘惑物與場所，確實教育無論在任何地方、有任何掉落物，絕對不可以撿起來吃。

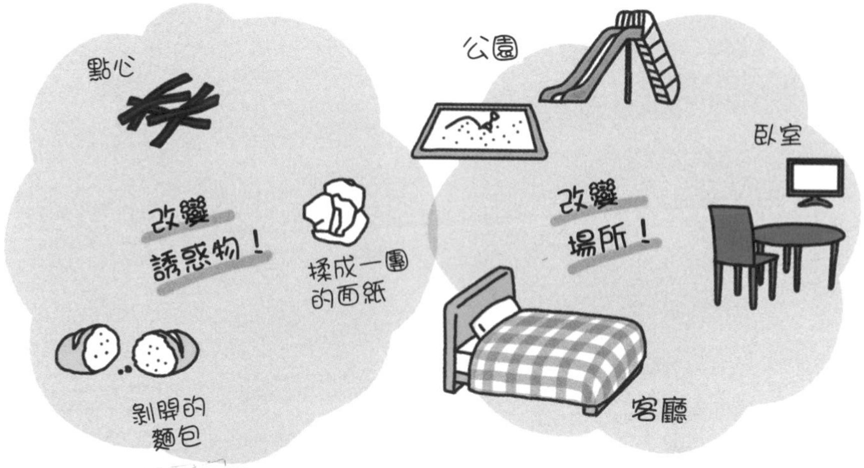

❹散步中也進行訓練

散步中也配戴智慧項圈，當狗狗想撿食路上的掉落物時，就立刻拉緊智慧項圈。透過這樣的訓練，即使是極為可能吃到危險物品的散步途中，狗狗也不會再任意撿食路上掉落的東西。

智慧項圈訓練④

撲人

DVD 10

為什麼會撲人？

「想引起主人注意！」

「想吃東西！」

狗之所以撲人，多半是有所要求或主張自我。若飼主加以回應，會讓狗誤認為「只要撲上去，自己的要求就會實現。」導致狗只要看到有人接近，就立刻飛撲上去，造成他人困擾。

另一方面，如果飼主有求必應，會導致狗的服從意願降低，主從關係崩壞。

相信有不少飼主都很開心自己最喜歡的愛犬飛奔到自己身上，但還是懇請各位飼主一定要矯正狗的這個習慣。

❶先掌握愛犬會在什麼情境下撲人

狗之所以撲人，必有動機。清楚掌握「何時」、「地點」、「什麼情況下」等情境，有助於矯正愛犬撲人的壞習慣。

寫下您家愛犬會在什麼情境下撲人

EX.想要飼料的時候、想找人陪牠玩的時候、有訪客時……

❷製造會撲人的情境

請家人或朋友協助，製造愛犬會撲人的情境。

依狀況使用誘惑物

❸一撲人，立刻拉緊智慧項圈

狗狗一有撲人的跡象，在下達「不可以！」口令的同時，拉緊智慧項圈。要在撲人瞬間的那個時間點拉緊項圈，讓狗狗認知「一撲人就會有壞事發生」。

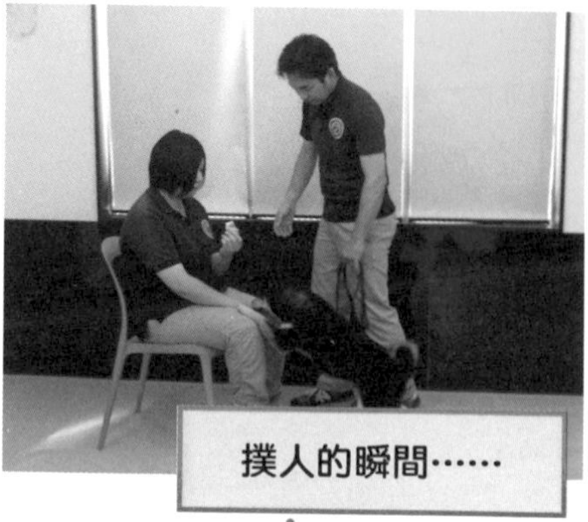

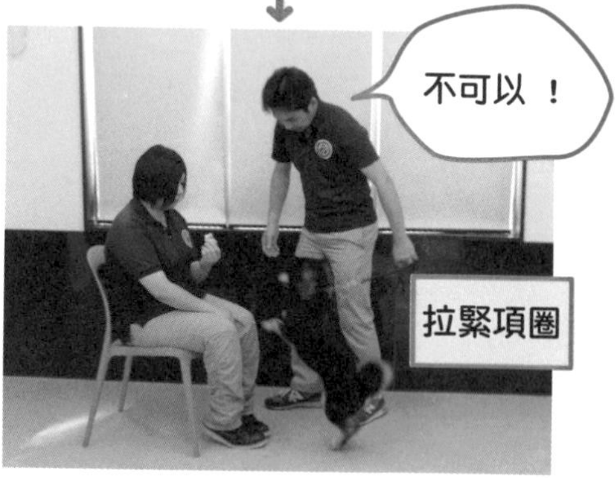

❹反覆訓練

多製造幾次狗狗會撲人的情境，反覆進行訓練。若狗狗不再有撲人的情況，就給予稱讚。

智慧項圈訓練⑤

暴衝

DVD 11

為什麼會暴衝？

我想應該有不少人認為「只要學會腳旁隨行，狗狗是不是就不會暴衝？」

其實這樣的想法一半正確一半錯誤。

當然了，如果您家愛犬平時常暴衝的話，讓牠習慣腳旁隨行是非常重要的，但就算平時不會暴衝且又學會腳旁隨行的狗，有時看到其他狗經過或特殊誘惑物，依然有可能出現突發性的暴衝行為。

因此，防止暴衝訓練還必須搭配腳旁隨行，教育家裡的愛犬無論任何時候，都不可以走在飼主前面。

如果狗狗暴衝，突然飛奔出去，很可能會發生遭汽車碾斃的重大意外。所以，請務必矯正狗的這個壞習慣。

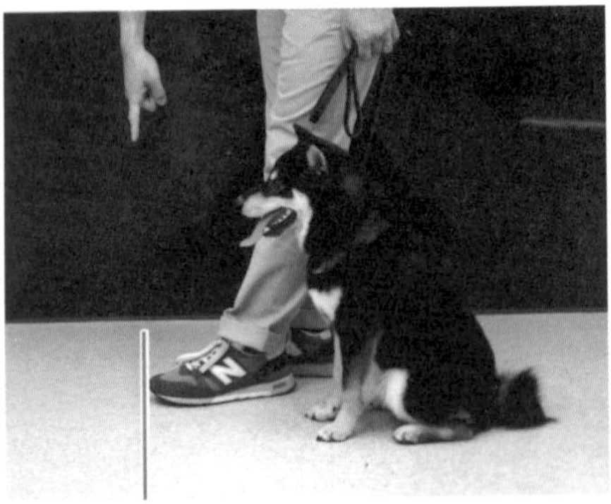

❶建立規則

首先，決定好「絕對不可以超過」的那個點。以我個人來說，我規定的點是「腳尖」。如果沒有建立這樣的規則，對狗來說，牠們無法瞭解為什麼智慧項圈會被拉緊，而牠們不懂的話，拉緊項圈就沒有意義。

❷違反規則，拉緊智慧項圈

配戴上智慧項圈，然後向前走，當狗超過事先規定好的那個點時，在下達「不可以！」口令的同時，拉緊智慧項圈。多訓練幾次，狗自然會記住「不可以超過那個點」。

column 3

「隨地如廁」

◉隨地如廁「不生氣」

除了剛才列舉的五種問題行為外，想必有不少飼主對於愛犬的「隨地如廁」感到相當苦惱吧。

事實上，不將隨地如廁納入智慧項圈的訓練中是有原因的。

如廁教育首重稱讚，而且不能打不能罵。

相信有飼主會在狗狗沒有於定點上廁所時大發雷霆，而狗狗確實於定點上廁所時卻又不給予稱讚。

這樣的話，恐怕狗狗會搞不清楚自己究竟該在哪裡上廁所。總之，就是盡量避開會挨罵的場所，然後在其他地方隨地大小便。

所以，當狗狗隨地大小便時，使用會帶給牠不愉快感覺的智慧項圈訓練術是不會有效果的。

接下來，本書將介紹兩種如廁的教育方法，請大家隨意選擇一種最適合的方式。

「如廁訓練①」

❶以柵欄圍住狗屋和尿布墊

柵欄的角落擺放狗屋，其餘地方鋪上尿布墊。狗有不弄髒自己居住空間的習性，所以讓牠在尿布墊上大小便。

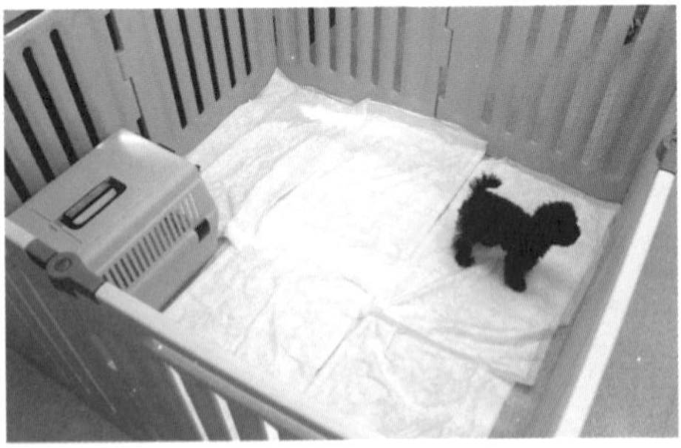

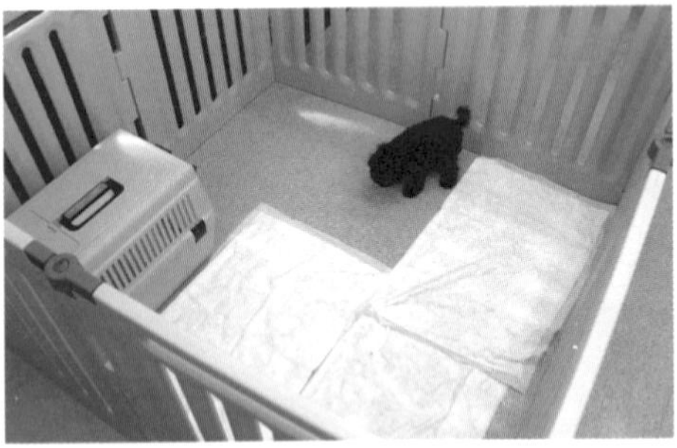

❷拿掉狗屋旁的尿布墊

經過❶的訓練，等到狗習慣在尿布墊上如廁後，逐漸拿掉狗屋旁的尿布墊，讓狗多練習幾次在尿布墊上如廁。

❸在最遠的尿布墊上如廁

當狗能在離狗屋最遠的尿布墊上大小便時，就證明牠已經認知要在尿布墊上如廁。如此一來，就算尿布墊鋪在柵欄外，牠也一定會在那塊尿布墊上如廁。

DVD 13

「如廁訓練②」

❶定時將狗從狗屋移到鋪有尿布墊的柵欄裡

定時將狗從狗屋移到鋪有尿布墊的柵欄裡，讓牠在裡面大小便。

❷稱讚

如果狗在柵欄裡大小便了，就立刻稱讚牠，然後將牠移回狗屋。同樣的動作多重覆幾次，讓狗學會柵欄裡就是牠上廁所的地方。

如果還是隨地如廁……

嘗試各種方法，狗還是隨地大小便的話，很可能問題是出在尿布墊或如廁的場所。可能是因為狗不喜歡拋棄式尿布墊的材質；可能是因為如廁的場所讓牠有不好的回憶，所以不願意靠近等等。可以試著改用報紙、布製的尿布墊，或者改變預設的如廁場所，多嘗試幾遍。

附錄

讓愛犬遠離疾病的六大保健

口腔

牙齒有問題，攸關健康與性命!?

口腔方面，希望各位飼主多留意牙齒的照護。

狗牙齒上的牙垢很快就會變成牙結石，而這也是演變成牙周病的原因之一。一旦演變成牙周病，牙周病菌會侵入血管，恐會導致心臟或腎臟方面的疾病，嚴重的話甚至會危急性命。

每天都要清潔牙齒，好好守護愛犬的生命。

刷牙

❶手指纏上繃帶

❷掀開嘴角，擦拭「牙齒」和「牙齦」

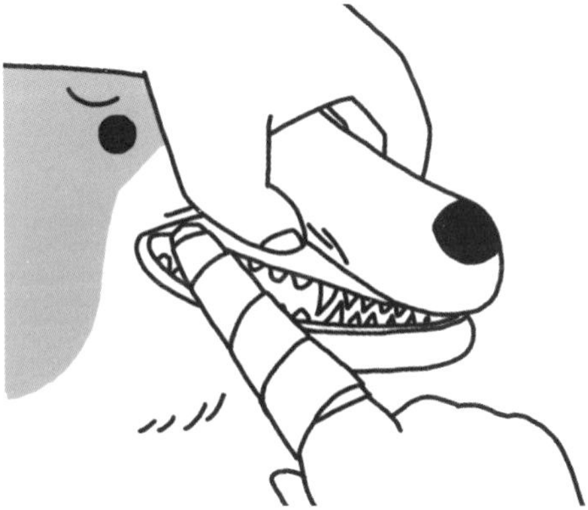

首先，讓狗習慣有人輕觸牠的嘴邊。

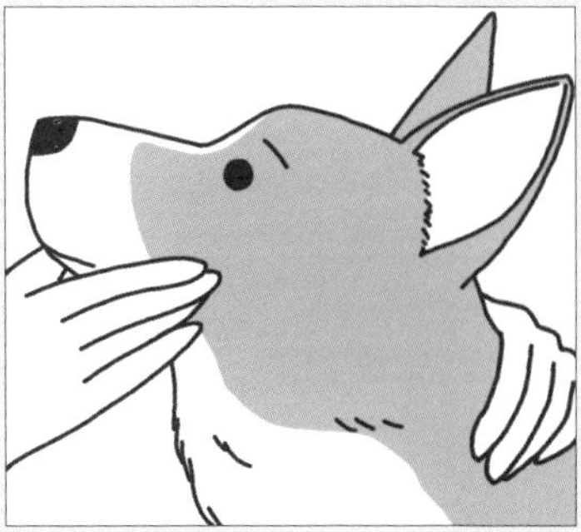

每天檢查口腔！

若有下列症狀或行為，代表口腔內可能出了問題。請務必前往醫院就診。

□口水很多
□出血
□牙齦或舌頭偏白，或者比平常還鮮紅（健康狗的牙齦呈粉紅色。）
□嘴唇腫脹
□口臭難聞
□有很多牙結石

耳朵

一星期清理一次「耳朵」

「常常甩動耳朵……」

「一直搔抓耳朵……」

這時候要特別留意了！

狗的耳朵可能出了問題。

狗的耳朵是非常容易受到感染的部位之一。一個星期至少要清理一次。

接下來將為大家介紹清理耳朵的方法。

清耳朵

❶棉花球上沾滿犬用清耳液

❷輕柔擦拭耳朵的內、外側

力道過大恐會傷害耳道，所以擦拭的動作要盡量輕柔。

每天檢查耳朵！

若有下列症狀或行為，代表耳朵內可能出了問題。請務必前往醫院就診。

□耳邊的毛越來越稀疏

□耳垢呈黑色或褐色

□耳內有難聞的氣味

□不停甩動耳朵或搔抓

□常將頭傾斜一邊

□耳液漏出

皮毛

掉毛是因為生病了嗎？

狗身上的毛會隨季節轉變而汰換。

但有時也會因為皮膚病或內分泌方面的疾病而掉毛。

飼主必須確實掌握愛犬掉毛的真正原因。

接下來，將為大家介紹如何分辨是換毛期的掉毛，亦或是疾病造成的掉毛，以及日常生活中幫愛犬刷毛、梳毛的護理方法。

疾病導致掉毛

若有下列掉毛的情況，疑似罹患疾病，請務必帶愛犬前往醫院就診。

症狀 1 左右兩側對稱掉毛

↓可能罹患的疾病……

腎上腺皮質機能亢進症

腎上腺皮質分泌的荷爾蒙中，幫助醣類代謝的荷爾蒙分泌異常過多所引發的疾病。

甲狀腺機能減退

促進成長、代謝的甲狀腺所分泌的荷爾蒙減少，進而引發的疾病。

症狀 2 部分掉毛、掉毛量異常多，多到看得到皮膚

↓可能罹患的疾病……

毛囊蠕形蟲症

寄生於狗狗毛孔中的毛囊蠕形蟲異常繁殖所引發的疾病。

疥癬

一種名為疥蟲的蟲在狗狗的皮膚上挖洞寄生所引發的疾病。

異位性皮膚炎

因花粉、灰塵、塵蟎等過敏源所引發的疾病。

跳蚤過敏性皮膚炎

因跳蚤所引發的過敏性反應。

膿性皮膚病

皮膚的感染症，這是狗最常見的皮膚病。

皮癬菌病

黴菌感染的疾病，會人畜共通傳染。

梳毛的步驟

症狀2的疾病，只要透過每天的「刷毛」就可以有效預防。每天刷毛，接觸狗的身體，不僅可以確認是否有異常現象，還可以將髒汙、脫落的毛、打結的毛清理掉，甚至可以促進血液循環。接下來，就按照以下的步驟，每天幫家裡的愛犬刷毛吧。

❶用梳毛工具順著毛流輕輕刷

刷毛的時候，狗毛、頭皮屑和寄生蟲的卵會掉落，所以盡量讓狗狗站在戶外的高台上。

❷逆著毛流輕輕刷，讓毛根的髒汙和頭皮屑浮上來

從臀部往頭部方向刷。

家裡是長毛犬的話，要分層刷，先將長毛往上撥，然後用梳毛工具刷理皮膚上的底毛。

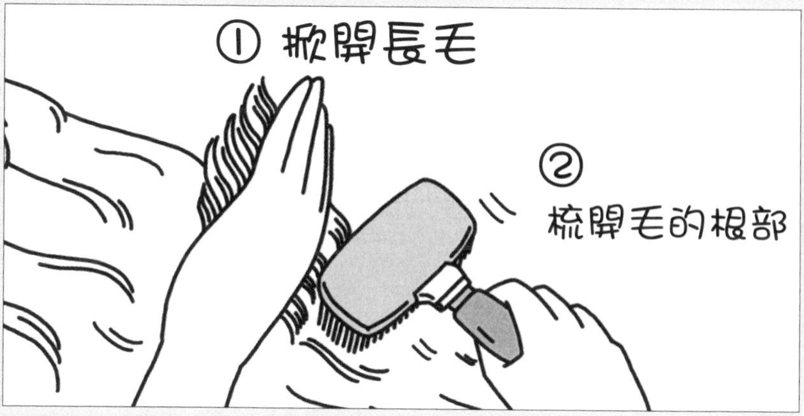

❸用梳子將毛流梳整齊

◉ 排梳

有大型犬用、中小型犬用、清跳蚤專用梳等等。刷完毛後，用排梳將毛梳整齊。

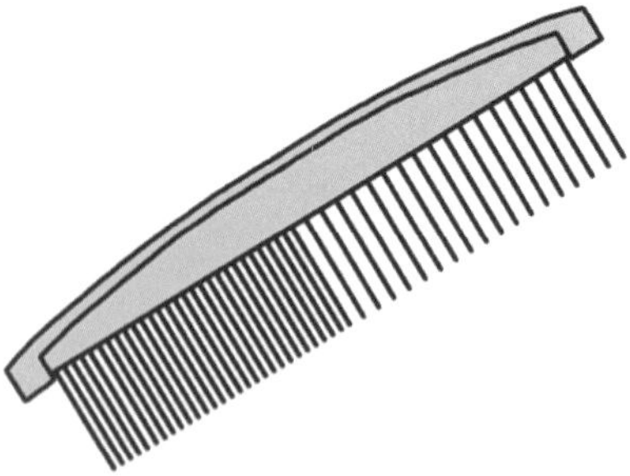

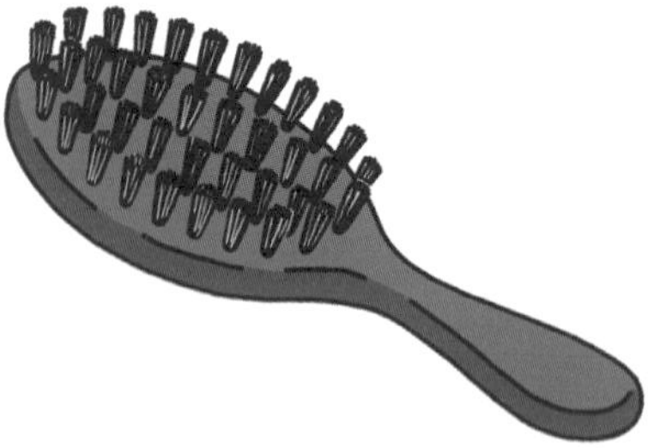

◉ 鬃毛梳

使用鬃毛梳可以讓狗毛更具光澤。於整個梳毛過程的最後使用。

梳毛常用的工具

◉ 軟性針梳

梳子上布滿許多軟性鋼絲的針梳，便於清除掉落或糾纏在一起的狗毛。因為是鋼絲製成的針梳，為了不傷及皮膚，梳理的時候動作要盡量輕柔。

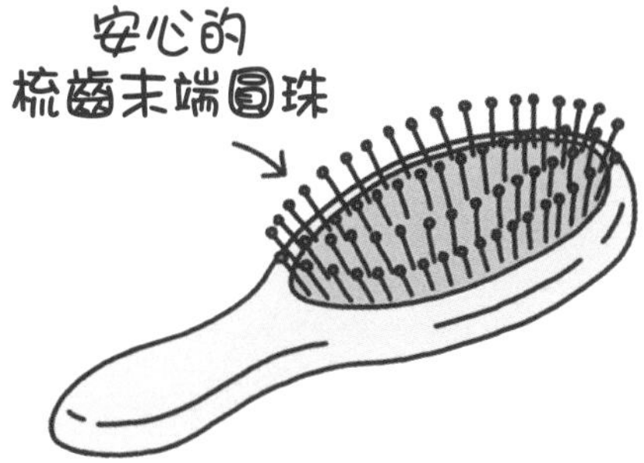

◉ 圓點針梳

針梳較粗且末端圓點處理，比較不會傷害皮膚及狗毛。最適合軟毛型的狗。

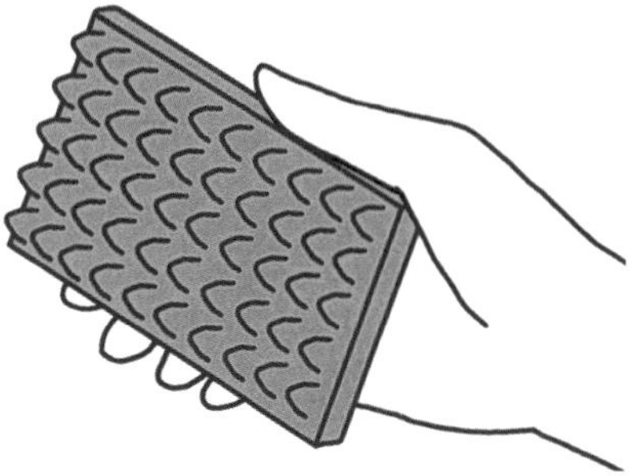

◉ 橡膠梳

橡膠材質的梳子。因為梳齒較短，不適合長毛型的狗。

眼睛・鼻子

每天檢查眼睛、鼻子！

眼睛和鼻子方面，比起每天清潔做好日常保健，更重要的是透過每天的檢查，確實掌握狗的健康狀況。

接下來，將列舉一些疑似疾病徵兆的症狀與行為，請各位飼主每天進行檢查，一旦發現家中愛犬有符合的現象，請儘速帶牠前往醫院就診。

每天檢查眼睛！

若有下列症狀或行為，代表眼睛可能出了問題。請務必前往醫院就診。

☐眼睛充血

☐有白色的眼屎

☐眼淚和眼屎很多

☐眼白泛黃

☐揉眼睛或抓搔眼睛

☐眼球泛白且渾濁

☐左右眼大小不同

☐眼睛的顏色與平時不同

每天檢查鼻子！

若有下列症狀或行為，代表鼻子可能出了問題。請務必前往醫院就診。

☐鼻頭乾乾的（健康狗除了就寢或剛起床外，鼻頭都會稍微潮濕）

☐鼻頭皸裂

☐鼻子流出水狀或膿狀的鼻水

☐流鼻血

☐鼻子腫脹

☐鼻塞

趾甲

當一個會剪趾甲的飼主

狗的趾甲若太長，可能會因根部斷裂而受傷，或者直接刺進肉墊裡。

特別是俗稱狼爪的前腳大拇趾趾甲，這隻不著地的趾甲若長期不修剪的話，可能會因為捲曲而刺進肉墊裡，這是非常危險的。

有不少飼主不擅長幫狗修剪趾甲，但只要參照下頁的介紹，就可以確實幫家中愛犬修剪過長的趾甲。

剪趾甲的方法

❶將狗置於高台上（為避免狗摔落，請繫上牽繩）

❷為避免狗咬人，請將牠的頭確實夾緊在腋下

❸向後抬起狗的腳，幫牠修剪趾甲

狗的趾甲顏色依犬種不同可分為白色趾甲與黑色趾甲兩種。不同趾甲的修剪方法如下所述。

1、白色趾甲

白色趾甲顏色淺，看得到裡面的血管。請將趾甲剪到血管的前端處。

2、黑色趾甲

黑色趾甲顏色深，看不見裡面的血管。剪太短的話，恐會傷及血管，所以請慎重剪個1～2mm就好。

肛門

1個月1次，幫愛犬「擠肛門腺」

狗的肛門如果時常在地板上摩擦的話，專門分泌刺激性氣體的肛門腺可能會因為分泌物淤積而發炎。

大型犬中，有些狗會在大便的同時將分泌物一起排出，但中小型犬多半沒有足夠的力道自行排出。若放任分泌物淤積在肛門口，恐會導致發炎或化膿，嚴重的話甚至肛門腺會破裂。所以一個月至少「擠肛門腺」一次，將肛門腺分泌物清理乾淨。

擠肛門腺的方法

❶以手指左右夾住肛門下方

長毛犬的話，為了方便檢查與清理，請定期修剪肛門附近的長毛。

❷手指由下往上推壓，將肛門腺的分泌物擠出來

❸擠出分泌物，以面紙等擦拭乾淨

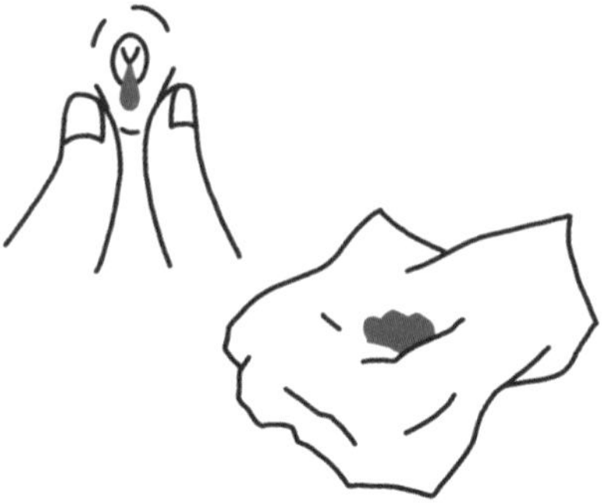

因為分泌物的氣味很刺鼻，請小心不要沾在衣物上。建議在幫狗洗澡的時候，順便清理肛門腺。

每天檢查肛門！

若有下列症狀或行為，代表肛門可能出了問題。請務必前往醫院就診。

□肛門附近特別髒（可能是腹瀉或皮膚病所致）

□肛門口沾黏有米粒狀的東西（可能有寄生蟲）

結語

我是一名狗狗訓練師，但我家裡並沒有養狗。

為什麼呢？因為我無法給狗狗幸福。

那麼，究竟何謂狗狗的幸福呢？

我個人認為對狗狗而言，牠們的幸福是「一輩子與飼主生活在一起」。

這其中也包含「多一分一秒也好，永遠在一起」的意思在內。

從這個觀點來看，每天幾乎都要到府指導、訓練的我，實在很難帶給狗狗幸福。

本書介紹了許多矯正狗狗問題行為的管教方法。想要「多一分一秒也好，永遠在一起」的話，管教是非常重要且不可或缺的。

每天狂叫不已的狗、動不動就咬人的狗……比起和這種有問題行為的狗在一起，我想大家都比較想和聽話、行為規矩的狗永遠在一起吧。

當然了，「無論愛犬有什麼問題行為，都可以幸福的生活在一起」這樣想的飼主也大有人在，我也不會否定有這種想法的人。

只要家裡的狗狗不會造成他人困擾、只要飼主和這樣的狗狗生活在一起不會感到壓力，這也未嘗不是另外一種飼主與愛犬的相處模式。

不過，我想購買這本書的你們，恐怕都不是抱持這樣的想法吧。

「要是不好好管教的話……」

「想要矯正問題行為……」

正因為這麼認為，您才會購買這本書吧。

若您有這樣的想法，就從今天開始，立刻著手實踐本書的管教方式吧。

只要正確、反覆實踐書中介紹的方法，相信大家一定看得到明顯的成效。截至目前為止，我訓練過５０００隻以上的大狗小狗，沒有任何問題行為是解決不了的。

相信您家的愛犬也不例外。

衷心期盼這本書能讓您與您的愛犬早日過著幸福愉快的生活。

遠藤和博

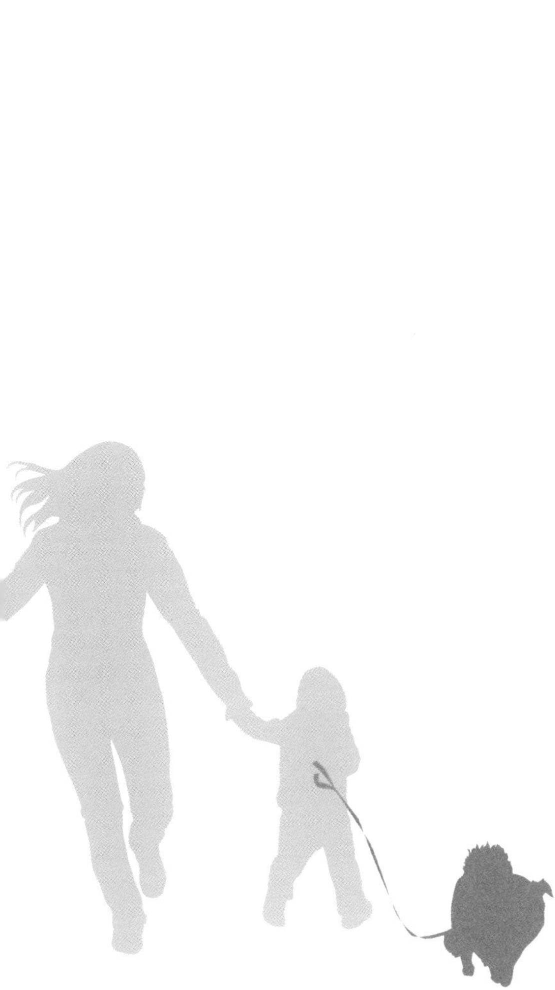

PROFILE

遠藤和博

遠藤愛犬訓練學校負責人、JKC公認訓練師

於老家遠藤愛犬學校經過10年的修練後，成為獨當一面的訓練師。自參加『電視冠軍』（東京電視台），連續二年榮獲無敵訓犬王寶座後，陸續於各種訓練競賽中獲得佳績。截至目前為止，以高超的技術解決5000多隻大、小犬的問題行為。曾經負責訓練千葉羅德海洋隊的隊犬「ELF」、電視節目『和風總本家』（東京電視台）的招牌犬「豆助」，也曾經參加不少電視節目的演出，是個相當受歡迎的訓練師。

「遠藤愛犬訓練學校」官網　http://www.endogtraining.com/

TITLE

DVD狗狗行為矯正書，10分鐘項圈訓練法

STAFF

出版　三悅文化圖書事業有限公司
作者　遠藤和博
譯者　龔亭芬

總編輯　郭湘齡
責任編輯　莊薇熙
文字編輯　黃美玉　黃思婷
美術編輯　謝彥如
排版　靜思個人工作室
製版　大亞彩色印刷製版股份有限公司
印刷　桂林彩色印刷股份有限公司
　　　紘億彩色印刷有限公司
法律顧問　經兆國際法律事務所　黃沛聲律師

代理發行　瑞昇文化事業股份有限公司
地址　新北市中和區景平路464巷2弄1-4號
電話　(02)2945-3191
傳真　(02)2945-3190
網址　www.rising-books.com.tw
e-Mail　resing@ms34.hinet.net

劃撥帳號　19598343
戶名　瑞昇文化事業股份有限公司

初版日期　2015年9月
定價　280元

國家圖書館出版品預行編目資料

DVD狗狗行為矯正書,10分鐘項圈訓練法 / 遠藤和博編著；龔亭芬譯. -- 初版. -- 新北市：三悅文化圖書, 2015.08
112　面；19 X 14.8　公分
ISBN 978-986-92063-2-7(平裝)
1.犬 2.寵物飼養 3.犬訓練

437.354　　104015797